¡Mira allí! ¡Monos!

1

MARAVILLAS ANIMALES 07

LOS MONOS

KATE RIGGS

CREATIVE EDUCATION | CREATIVE PAPERBACKS

¡HOLA! ¿TIENES UNA BANANA?

índice

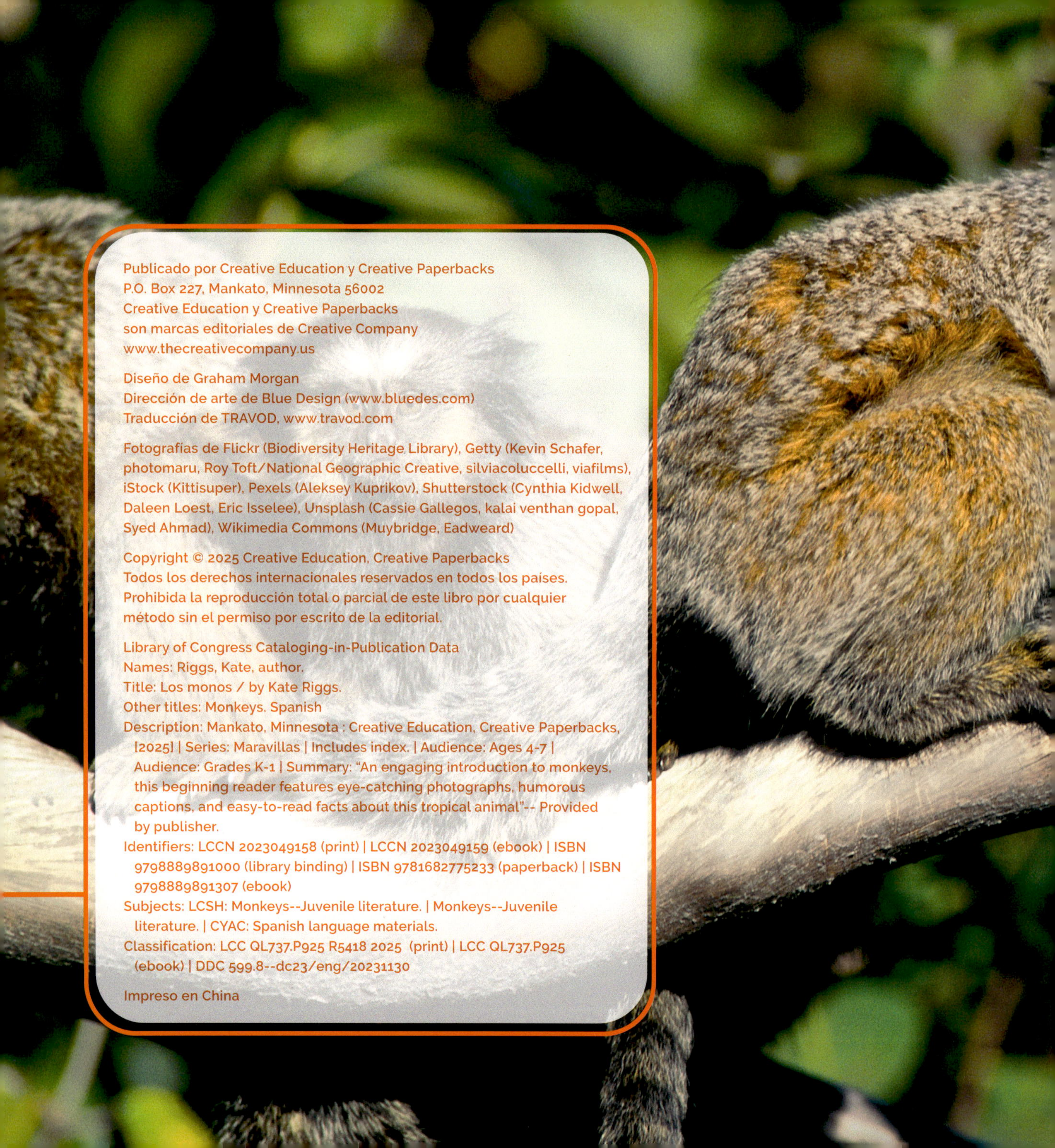

Publicado por Creative Education y Creative Paperbacks
P.O. Box 227, Mankato, Minnesota 56002
Creative Education y Creative Paperbacks
son marcas editoriales de Creative Company
www.thecreativecompany.us

Diseño de Graham Morgan
Dirección de arte de Blue Design (www.bluedes.com)
Traducción de TRAVOD, www.travod.com

Fotografías de Flickr (Biodiversity Heritage Library), Getty (Kevin Schafer, photomaru, Roy Toft/National Geographic Creative, silviacoluccelli, viafilms), iStock (Kittisuper), Pexels (Aleksey Kuprikov), Shutterstock (Cynthia Kidwell, Daleen Loest, Eric Isselee), Unsplash (Cassie Gallegos, kalai venthan gopal, Syed Ahmad), Wikimedia Commons (Muybridge, Eadweard)

Library of Congress Cataloging-in-Publication Data
Names: Riggs, Kate, author.
Title: Los monos / by Kate Riggs.
Other titles: Monkeys. Spanish
Description: Mankato, Minnesota : Creative Education, Creative Paperbacks, [2025] | Series: Maravillas | Includes index. | Audience: Ages 4-7 | Audience: Grades K-1 | Summary: "An engaging introduction to monkeys, this beginning reader features eye-catching photographs, humorous captions, and easy-to-read facts about this tropical animal"-- Provided by publisher.
Identifiers: LCCN 2023049158 (print) | LCCN 2023049159 (ebook) | ISBN 9798889891000 (library binding) | ISBN 9781682775233 (paperback) | ISBN 9798889891307 (ebook)
Subjects: LCSH: Monkeys--Juvenile literature. | Monkeys--Juvenile literature. | CYAC: Spanish language materials.
Classification: LCC QL737.P925 R5418 2025 (print) | LCC QL737.P925 (ebook) | DDC 599.8--dc23/eng/20231130

Impreso en China

Los monos son animales que son buenos para trepar. La mayoría de los monos viven en árboles.

Los monos tienen brazos y piernas largos. También tienen colas largas.

Algunos monos tienen pelaje marrón o negro. Otros monos son blancos o grises.

MMM, BANANA.

Los monos comen plantas o frutas. Algunos monos comen insectos o pájaros.

¡QUÉ RICO!
¡QUÉ RICO!

¿QUÉ PASA ALLÍ?

Un mono joven es una cría. Una cría de mono vive con otros monos en una **tropa**.

Los monos **se acicalan** unos a otros. Luego buscan comida. A los monos también les gusta trepar y jugar.

MI CABELLO NO TIENE UN BUEN DÍA.
¡TAN DESORDENADO!

HASTA LUEGO,
COCODRILO.

¡Adiós, monos!

[Imagina un mono]

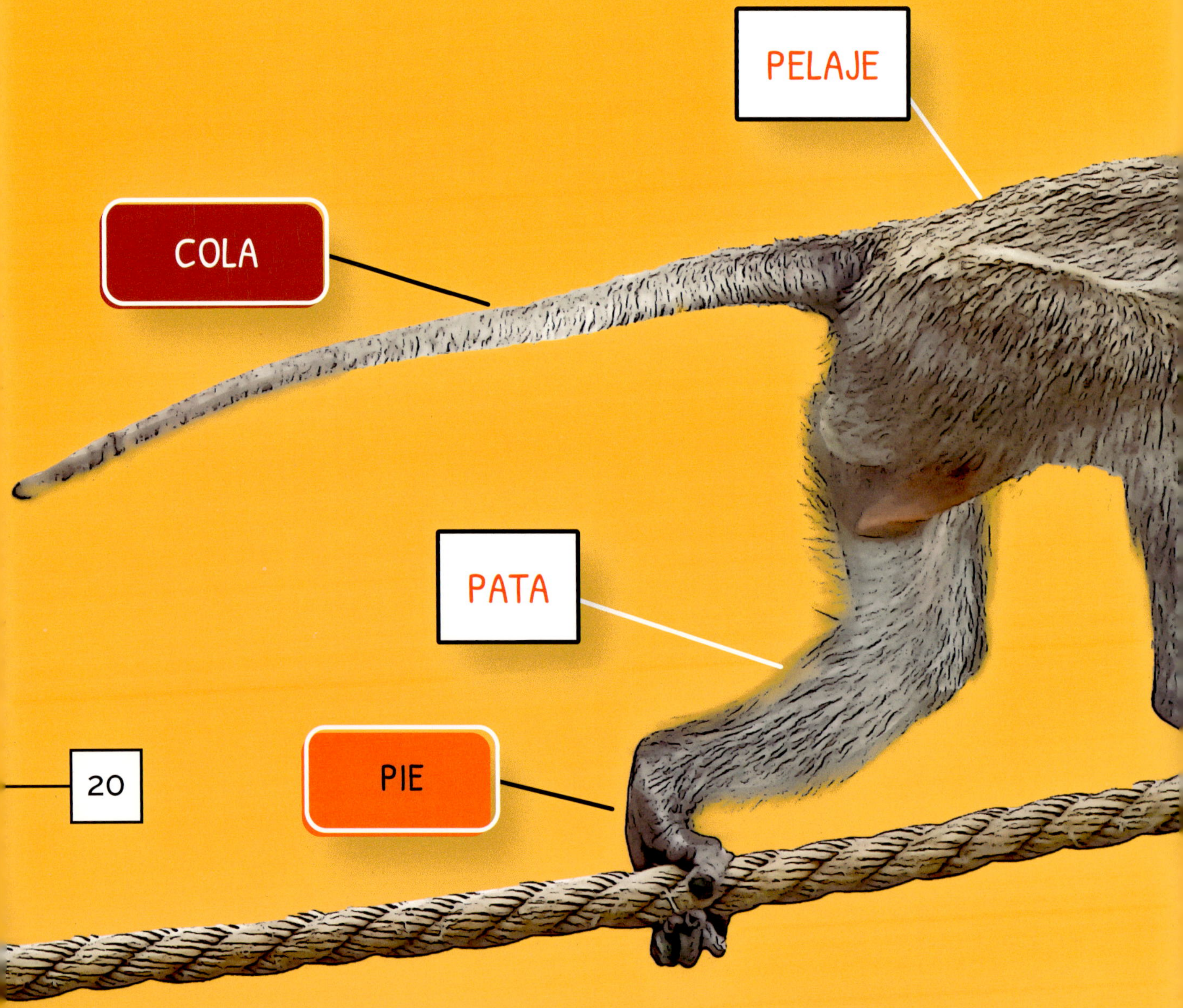

OREJA
OJO
NARIZ
BOCA
BRAZO
MANO

PALABRAS QUE DEBES CONOCER

acicalar: limpiar el rostro o el pelo

tropa: un grupo de monos que viven juntos

ÍNDICE ALFABÉTICO